U0314206

撰　稿

张　迪　沈蓓蕾　孙　杰
唐旭东　曹　阳　赵　新
魏诗棋　郑士明　高　雪
柴冰冰　陈禹行　滕　雪
张　静　刘晓漫　王靖雯
康　健

插图绘制

雨孩子　肖猷洪　郑作鹏
王茜茜　郭　黎　任　嘉
陈　威　程　石　刘　瑶

装帧设计

陆思茁　陈　娇
高晓雨　张　楠

了不起的中国

古代科技卷

四大发明

派糖童书 编绘

化学工业出版社

·北京·

图书在版编目（CIP）数据

四大发明/派糖童书编绘. —北京：化学工业出版社，2023.9（2024.9重印）
（了不起的中国. 古代科技卷）
ISBN 978-7-122-43918-5

Ⅰ. ①四… Ⅱ.①派… Ⅲ.①技术史-中国-古代-儿童读物 Ⅳ.①N092-49

中国国家版本馆CIP数据核字（2023）第141506号

了不起的中国

—— 古代科技卷 ——

四大发明

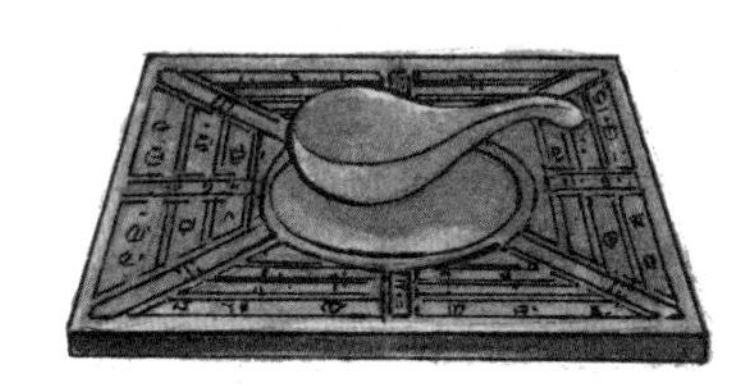

责任编辑：刘晓婷　　责任校对：王　静

出版发行：化学工业出版社（北京市东城区青年湖南街13号　邮政编码 100011）
印　　装：河北尚唐印刷包装有限公司
787mm×1092mm　1/16　印张5　2024年9月北京第1版第2次印刷

购书咨询：010-64518888　　售后服务：010-64518899
网　　址：http://www.cip.com.cn
凡购买本书，如有缺损质量问题，本社销售中心负责调换。

定　　价：35.00元

前　言

几千年前，世界诞生了四大文明古国，它们分别是古埃及、古印度、古巴比伦和中国。如今，其他三大文明都在历史长河中消亡，只有中华文明延续了下来。

究竟是怎样的国家，文化基因能延续五千年而没有中断？这五千年的悠久历史又给我们留下了什么？中华文化又是凭借什么走向世界的？“了不起的中国”系列图书会给你答案。

“了不起的中国”系列集结二十本分册，分为两辑出版：第一辑为“传统文化卷”，包括神话传说、姓名由来、中国汉字、礼仪之邦、诸子百家、灿烂文学、妙趣成语、二十四节气、传统节日、书画艺术、传统服饰、中华美食，共计十二本；第二辑为“古代科技卷”，包括丝绸之路、四大发明、中医中药、农耕水利、天文地理、古典建筑、算术几何、美器美物，共计八本。

这二十本分册体系完整——

从遥远的上古神话开始，讲述天地初创的神奇、英雄不屈的精神，在小读者心中建立起文明最初的底稿；当名姓标记血统、文字记录历史、礼仪规范行为之后，底稿上清晰的线条逐渐显露，那是一幅肌理细腻、规模宏大的巨作；诸子百家百花盛放，文学敷以亮色，成语点缀趣味，二十四节气联结自然的深邃，传统节日成为中国人年复一年的习惯，中华文明的巨幅画卷呈现梦幻般的色彩；

书画艺术的一笔一画调养身心，传统服饰的一丝一缕修正气质，中华美食的一饮一馔（zhuàn）滋养肉体……

在人文智慧绘就的画卷上，科学智慧绽放奇花。要知道，我国的科学技术水平在漫长的历史时期里一直走在世界前列，这是每个中国孩子可堪引以为傲的事实。陆上丝绸之路和海上丝绸之路，如源源不断的活水为亚、欧、非三大洲注入了活力，那是推动整个人类进步的路途；四大发明带来的文化普及、技术进步和地域开发的影响广泛性直至全球；中医中药、农耕水利的成就是现代人仍能承享的福祉；天文地理、算术几何领域的研究成果发展到如今已成为学术共识；古典建筑和器物之美是凝固的匠心和传世精华……

中华文明上下五千年，这套“了不起的中国”如此这般把五千年文明的来龙去脉轻声细语讲述清楚，让孩子明白：自豪有根，才不会自大；骄傲有源，才不会傲慢。当孩子向其他国家的人们介绍自己祖国的文化时——孩子们的时代更当是万国融会交流的时代——可见那样自信，那样踏实，那样句句确凿，让中国之美可以如诗般传诵到世界各地。

现在让我们翻开书，一起跨越时光，体会中国的“了不起”。

目 录

导　言

造纸术、印刷术、火药和指南针被誉为我国古代的四大发明。

这种说法可不是我国古人提出来的，而是一个英国人总结的。这个人叫艾约瑟（sè）（Joseph Edkins），生于1823年，在1843年来到中国，于1905年在上海逝世，是英国传教士，也是伟大的汉学家。艾约瑟一生都对中国文化着迷，他以非凡的语言天赋和超强的学习能力，写就多部著作，不仅向西方世界介绍中华文明，也首次提出了“四大发明”的说法，并为后代学者所接受。

古代四大发明是我国成为文明古国的标志之一，是中华民族奉献给世界的伟大科技成果，直接影响了世界文明的进程。

本书从四大发明的诞生讲起，依次讲述了其萌生、发展、跨出国门的过程，详述了四大发明对世界产生的深远影响，帮助小读者更好地了解四大发明的“前世今生”。同时，我们也列举了更多古代重要的发明，这些发明促进了文化、医药、农业、水利等多个领域的发展，与四大发明一样值得我们自豪。

更重要的是，在读过这本书后，希望小读者在充分建立文化自信的同时，不要盲目自大，过去值得纪念，未来更需要踏实努力。

毕竟，我国古人在科技水平相对落后的情况下都能去钻研开发，我们还有什么理由不努力呢？

最早的书写工具

在文字出现之前，古人用结绳记事，文字出现以后呢，总不能在空气中比画吧，所以就需要有载体来写上这些字。我国最早的系统文字是刻在龟甲或牛肩胛（jiǎ）骨上的，被称为“甲骨文”；在那之后，又有大量刻在青铜器上的文字，叫“金文”；故宫博物院现在收藏着一批石鼓，上面刻有珍贵的文字，经考证来自先秦时期，被后人称为“石鼓文”。

石鼓文

金文

“册”字甲骨文

上面说的是三种十分古老的文字载体。

其实，无论是甲骨文、金文，还是石鼓文，都有着特殊的用途，如占卜、祭祀、记录君王出征。它们都不是普通用途的书写工具。甲骨文中已经有“册”这个字，就是绳编的竹简的样子，说明竹简在商代已经得以使用，只是我们现今还没有发现商代或更早以前的竹简实物，所以还没有办法证明。

后来，人们又在珍贵的绢帛上写字。无论是甲骨还是青铜器，或是大石头、竹片、丝帛，都不是大多数人能使用的，这就限制了典章制度、科学知识的传播。

其他国家的早期书写材料

在古代，世界各地的人民都会在石头上刻字，不过也有些特别的书写材料。

古埃及人最早也会在骨片或象牙上刻字，但更多的时候是用莎（suō）草纸书写，莎草纸是用纸莎草的茎浸泡加工制成的，并不是真正意义上的纸。

公元前3300年，两河流域的苏美尔人在黏（nián）土板上用削好的木钉写字，写出来的字有一个刻下去的特殊痕迹，叫“楔（xiē）形文字”，也叫“钉头字”。他们也会在泥砖上刻字。

南美洲玛雅人用无花果树皮书写宗教经文，这些经文手抄本非常精美。

古罗马人在蜡板上刻字，而许多欧洲学者则在小羊皮上写字。

古印度僧侣将贝树叶子裁成条，用铁笔在上面刺写经文，这种经文被称为“贝叶经”，是极其珍贵的文物。

“学富五车”的来历

“学富五车”这个成语出自《庄子·天下》，原文是：“惠施多方，其书五车。”惠施是个人名，名字还挺好听。他是战国时期的一位思想家，专门探讨事物的名称与实际内涵，是研究逻辑的专家，也是诸子百家中“名家”的代表人物。惠施的理论比较难懂，而且他喜欢与人抬杠，他有句很著名的话：“子非鱼，安知鱼之乐？”就是惠施和庄子抬杠时讲的。庄子回得也很不客气：“子非我，安知我不知鱼之乐？”意思就是你不是我，你怎么知道我不知道鱼快不快乐呢？惠施的很多理论听起来很荒诞，可这样一位不太能让常人接受的人，其实博览群书，知识很渊博。因为那时的书是写在竹简上的，很笨重，所以惠施读的书要用五辆马车才能装下。后人常用“学富五车”来形容一个人学识渊博。

从漂絮到造纸

中国是全世界最早养蚕织丝的国家。古代的劳动人民发现白白胖胖的蚕能吐丝结茧，便将蚕茧抽成丝制成精美的丝绸。好的茧进行缫（sāo）丝，不好的茧也不会浪费，用一种叫“洴澼絖（píngpìkuàng，语出《庄子》，也就是漂絮（xù）法）”的办法来制作丝绵，方法比较复杂：要先把不好的茧用稻草灰水煮过，工人用手指顶开蚕茧，再将其浸没在水中的篾席上，用竹弓反复捶打捣碎，再淘制净化。经过这样反复加工，制出的丝绵可以作为填充物御寒，也可以制成昂贵的衣料。在加工过程中，残絮遗留在篾席上，经过多次积累后形成薄薄的纤维片。古人很会废物利用，没有丢弃这些薄片，而是把它们晾晒后揭下来，就变成可以写字的东西了。这可以称得上是最早的纸张。

“纸”在《说文解字》中是这样解释的：“纸，絮一苫也。从糸，氏声。”可见，纸是古人运用漂絮法来制作丝绵时发现的。我们知道了最早的纸是如何来的，反过来，也可以从“纸”这个字的字形上来发现它的由来。除此之外，这种造纸法在古代其他典籍中也有记载。东汉时期的服虔在《通俗文》中提到的“方絮曰纸”就是这种纸。清代段玉裁也在《说文解字注》中说：“按造纸昉于漂絮，其初丝絮为之。”

造纸术的发明与普及

造纸术在我国起源很早，西汉时，已经有了麻质纤维纸。在已经出土的西汉文物中，有纸质地图残片，上面用墨线绘制出了山川、河流、道路、村庄等。不过，那时的大多数纸张还很简易，质感粗糙。从公元105年东汉的蔡伦开始，造纸术才有了突破。

在蔡伦之后的发明家们，不断改进造纸的工艺，使其完善和成熟。纸张不但由最初松散的、难以书写的粗纸变为光滑密实的细纸，还加入大量工艺，既实用又美观。造纸术的进步促进了中国古代的文化蓬勃发展，也带动了丝绸之路沿线国家的文化繁荣。

蔡侯纸

《后汉书·宦（huàn）者列传》里记载，蔡伦字敬仲，是宫中的宦官，很有才学，对自己的工作尽职尽责，他监作的武器精工坚密，为人称道。

不过蔡伦最伟大的功绩是组织人员改进了造纸技术，用废弃无用的材料制成平价、耐用、质量上乘的纸张。

纸的形旁是“纟”，丝絮、纤维的意思。纸还有一种写法是“帋(音同纸)”，形旁是“巾”，从这里可以看出，无论是“纟”还是“巾”，都与古老的造纸原材料“絮”密不可分。不过，絮是用蚕茧制成的，材料来源十分有限。而且这种纸既然来自蚕宝宝，是一种动物纤维，那么耐用性就很差，沾水就化了，好不容易写上的字丢了，那得多心疼。

后来，人们用麻布、麻絮、绳头造纸，经过切、舂（chōng）、打浆等工序后，制成的纸纤维粗糙，质量一般，只能用来包东西。

蔡伦从原料入手改进造纸术，加入了廉价的树皮、渔网，开创了木浆造纸的先河。经过大量试验，在原有的造纸技术基础上，增加强碱蒸煮环节，再进行炒、舂、脱胶等工序。这种造纸法原料易得、价钱便宜，纸质也有了很大飞跃。为纪念蔡伦的功绩，后人把这种纸叫作“蔡侯纸”。

作为四大发明之一的造纸术，就源于蔡伦所改进的这种造纸技术。改造世界的不是小小的纸张，而是授人以渔的生产工艺。纸张的平价和材料的易得，让普通人也能看得起书，为文化的广泛传播提供了物质可能。

施胶

如果纸张的纤维松散,字迹就很容易漫开,纸的利用率就很低，因此，密实光滑的纸张一直是工匠们的追求。晋代，工匠们在纸浆里混入了淀粉糊或者动物胶，填堵了纤维孔隙，使纸浆纤维均匀。这样制成的纸不但厚薄均匀，纤维联结紧密,也更耐用。

左伯纸

东汉末年建安年间出现了一位著名的造纸家左伯，他造的纸非常薄，大约只有0.07毫米，纸张细密紧实，被赞“妍（yán）妙辉光”，又精细，又光滑，又洁白。左伯是东莱（现在的山东省烟台市）人，东莱纸在当时名满天下。

张怀瓘在《书断》中提到：“蔡伦工为之，而伯尤得其妙……”从这里就可以看出，后人提到造纸功绩时，常常将左伯与蔡伦放在一起。

竹纸

唐朝时期，我国南方福建一带开始用竹子制纸。人们在芒种时节上山砍伐竹子，截成段，分别进入石灰池和水池腌沤与漂净。经过捶洗，竹子被洗去青色的表层和坚硬的外皮，这个过程叫“杀青”。杀青之后，竹纤维还要经过反复蒸煮、清洗、淋灰浆、捣碎、抄出等多项工序，最后晾干为纸。

竹纤维造纸这种工艺起于唐而兴于宋，这种造纸技术虽然纸质不是最好的，但是所使用的原材料比较容易取得。到了宋代，竹纸工艺有了进步，纸质也变得更好，于是被大量应用在书籍中，促进了宋代文化的发展。

竹纸制造过程：

四、荡帘抄纸
五、覆帘压纸
六、焙纸

造纸技术的提升

湘帙

为了保护纸张不受虫蛀损害，古人在纸浆中加入黄檗（bò）汁，这种药剂色黄且有微微的苦味，用它染过的纸张能防虫蠹（dù），染黄檗汁的工艺就叫“染潢（huáng）”。用这种方法做出来的书页是黄色的，外面配套的书套也是黄色的，古人称这种黄色书套为“湘帙（zhì）”，后世人们也用这个词代指书籍。

“信口雌黄”

古人在用潢纸书写时，一旦书写错误，就会用雌黄涂抹更改。雌黄是一种矿物染料，和潢纸的颜色接近，“一漫即灭，仍久而不脱”，用这种方式更改错字还是很有效的。

由于雌黄可以掩盖字迹，后来人们就用“信口雌黄”这个成语评价一些随口乱说话的人，意指说话不实际，有失真实。

硬黄纸

硬黄纸是将潢纸用熨斗加热，再用黄蜡涂均匀加工而成的，既坚固又光滑，是唐代的上等纸张。这种纸被后人称为“黄蜡笺（jiān）”，一般用来抄经，或者字写得特别棒的人会用它来写书法作品。

砑花

为了增加纸张的艺术性和观赏性，工匠们通过染色、托裱（biǎo）、洒金、水印、描绘等多种工艺将生纸做成加工纸，砑（yà）花法也是纸张的加工工艺之一。砑花时，将纸夹在两块图案相同，纹路却正好相反的木板中间，利用杠杆原理施压，就能得到凹凸不平的砑花纸了。

芙蓉花艳——薛涛笺

“薛涛笺”是唐代女诗人薛涛自制的粉红色小幅书笺。“薛涛笺”在造纸时以芙蓉皮为原料，制作过程中又加入了芙蓉花汁，使纸张成为赏心悦目的艺术品。

春望词

［唐］薛涛

花开不同赏，花落不同悲。
欲问相思处，花开花落时。
揽草结同心，将以遗知音。
春愁正断绝，春鸟复哀吟。
风花日将老，佳期犹渺渺。
不结同心人，空结同心草。
那堪花满枝，翻作两相思。
玉箸（zhù）垂朝镜，
春风知不知。

纸寿千年

文人讲究用上好的文具写出上好的篇章和书法作品，传说晋代王羲之写《兰亭集序》的时候，是用蚕茧纸和鼠须笔。蚕茧纸不是前面说的不结实的漂絮纸，而是上好的纸张，因为光泽和花纹极似蚕茧而得名。

唐代造纸技术突飞猛进，各种类型的纸张纷纷涌现，唐代及后世文学家们用这些精美的书写材料写就了无数动人的篇章。

据唐代《国史补》中记载："纸则有越之剡（shàn）藤、苔笺，蜀之麻面、屑末、滑石、金花、长麻、鱼子、十色笺，扬之六合笺，韶之竹笺，蒲之白薄、重抄，临川之滑薄。"造纸技术的提升让各地都可以将富产的材料用于造纸，其中，剡地出产的藤造的纸就是剡藤纸，川蜀地区擅长用麻造纸，北方多用桑皮造纸，江浙以麦秆芦苇造纸。鱼子纸和前面说的蚕茧纸一样，不是用材料命名，而是因光泽油亮清透，花纹细密形似鱼卵而得名的。

被称为"纸寿千年"的是著名的宣纸。宣纸是高级书法用纸，出产自安徽省宣城市泾（jīng）县，用上好的檀树皮为原料，加入少量的稻草浆，不蛀不腐，所以能够历经千年，被誉为"文房四宝"之一。

楮先生

《天工开物》里记载，楮（chǔ）树、桑树、木芙蓉的树皮都可以用来制木浆纸，所以唐代文学家、思想家韩愈称纸为"楮先生"。纸还被称为"楮君""楮待制""楮国公"。

造纸术与古人生活

厕筹与厕纸

南北朝时期，人们已经用上了厕纸，《颜氏家训》里特别嘱咐了不能用有经文或圣贤姓名的旧纸当厕纸。

到唐代时，人们还在广泛使用厕筹，这是两个指头宽的小木片或竹片，打磨得光滑一些，专门用来拉完“臭臭”后擦屁股，但也有一些人已经用上了厕纸。学者研究唐代到访中国的外国人所写的文献时发现，里面提到中国人已经在用厕纸擦屁股了。

到了明清，厕纸更加普及。《红楼梦》里刘姥姥在大观园里着急想去厕所，忙拉住个丫头，讨了两张纸——刘姥姥来自平民家庭，但上厕所也习惯用纸了。

窗户纸

俗语说，明摆着的事情像隔着一层窗户纸，一捅就破。那么古人是用纸来糊窗户的吗？

“窗”字下面有个“囱”，古代的窗是开在屋顶上的，大小也跟烟囱口差不多，就是用来透气的。“牖（yǒu）”是开在墙上的，类似现在的窗子，“户”是门，“十牖毕开，不若一户之明”，十个牖全打开还不如一扇门明亮，可见窗子有多小。那时的窗子也没有玻璃可装，在纸被大量生产之前，也不糊纸。有点经济实力的，用屏风挡一挡，或者做扇门一样的东西，开窗时把这扇“门”支起来，关窗时放下，屋子里面就黑漆漆的；没有经济实力的，就用布帘子、草帘子挡窗户。

后来人们也喜欢从窗户内向外望风景，就把窗户改良了一下。窗棂（líng，窗上的格子）起到支架和装饰的作用，上面糊的是加工过的纸。纸用油浸过，有的还经过加固，防雨防雪防风，很难做到“一捅就破”。有钱的人家可以用桃花纸、高丽纸、白棉纸糊窗户，用纱的也多，甚至还会用云母片或加工过的明瓦；没钱的人家别说纸了，布帘子都稀罕，用个罐子一挡就算完事。

纸牌的鼻祖

在印度、波斯和埃及都可以追溯到早期纸牌的样本，但大多数专家学者认为，纸牌最早发源于中国。英国近代科学技术史专家、汉学家李约瑟在其专著《中国科学技术史》中说，纸是中国人发明的，因此中国人发明纸牌不足为奇。

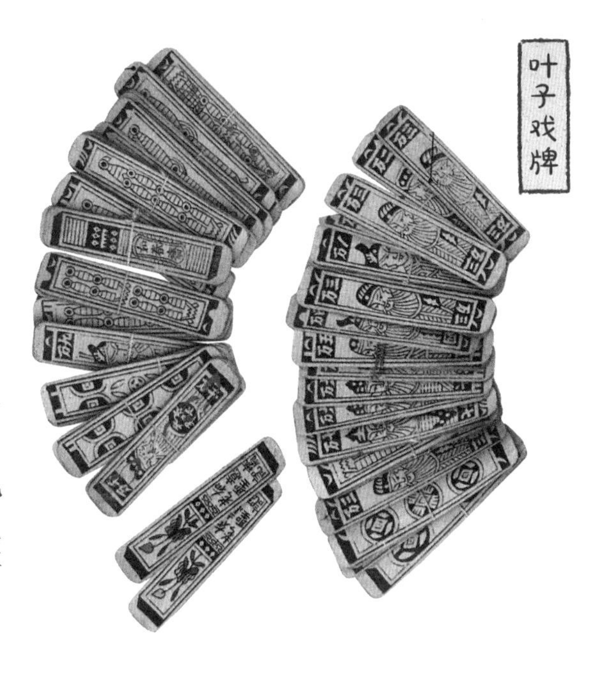

叶子戏牌

纸币

形容人有钱，说腰缠万贯。古时的钱是铜钱，一个铜钱是一文，一贯就是一千文，万贯……不可能缠在腰上，这是一种夸张的说法。钱那么重，带去买个菜还好，真要是买栋房子、做个生意就十分麻烦了。古人也可以用银两和黄金交易，但都是碎角角，并不是影视剧里那种一锭（dìng）一锭的。何况金银也很重，不方便携带，塞在衣裳里还容易丢失或被打劫。

《新唐书·食货志》里记载，唐宪宗的时候，商人到京城做生意，为了避免携带大量金属钱币，便同富户、官府等换取票券文牒（dié），这种纸质的货币替代品可以让商人轻身走四方，所以被称为“飞钱”。宋代的时候，我国出现了世界上最早的纸币——交子，在四川地区流通八十余年。

纸币便于携带，而且可以实现大额交易，对促进经济发展很有意义。

纸鸢

风筝来源于中国，是我国民间传统工艺的代表。最早的风筝是用木头做的，现在人们已经很难复原它们最初的样子。纸做的风筝首先应用在军事领域，从城里向城外送出紧急军情。比较著名的南朝侯景之乱中就用到过风筝。梁武帝被困城内时，将写好的敕书放在风筝里，送到援军手中，最终才得以解困。

南北朝时期，纸已经可以大量生产，人们用纸和轻薄的竹片做成各种各样美丽的风筝，将其叫作“纸鸢”。清明时节放风筝是孩子和青年男女喜欢的娱乐项目；而剪断风筝线，让风筝随风远去，也有祛除病痛和带走不幸的寓意。

清代有首描写孩子放风筝的诗：“草长莺飞二月天，拂堤杨柳醉春烟。儿童散学归来早，忙趁东风放纸鸢。”早早放学的孩子欢快地跑出去放风筝，多么美好啊！

放纸鸢

造纸术对世界的影响

之前我们提到，古代西方一些与中国交流尚不密切的国家，用泥板、贝树叶、羊皮纸等书写材料进行书写。比如在欧洲，用羊皮纸来书写《圣经》和法典，以及思想家们的知识成果。后来为了节约成本，学者会刮掉旧文字再写上新的，以致丢失了许多珍贵的文字记录。到16世纪，纸张已经取代了羊皮纸和莎草纸，在全欧洲流行起来。中国的造纸术沿丝绸之路向世界各国传播开来，这在人类文明史上具有伟大而深远的意义。

越南香蜜纸

越南离我国很近，是第一个传入造纸术的国家。虽然没有确切的时间，但专家可以肯定，在3世纪初，越南已经掌握了造纸技术。284年，就有商人通过海路，将用越南沉香树皮制成的香蜜纸运到了我国。

新罗贡品——鸡林纸

朝鲜人在公元6世纪已经学会造纸。当时有很多朝鲜留学生和僧侣在唐长安学习，另外也有一些中国工匠带着先进的造纸技术去往朝鲜半岛，所以，朝鲜产的纸张质地优良，其中的上品鸡林纸，一度成为新罗王国进贡的贡品。

日本和纸

随着朝鲜半岛上新罗、百济等国家同中国的交流日益密切，中国文化在源源不断地向外传播。造纸术传入朝鲜半岛后，又逐渐传入日本。于是，日本奈良时代和江户时代在造纸技术上有了非常大的发展，虽然与中国造纸技术的操作程序和工艺不同，但已经发展出了自己的特色，这让日本产的纸——和纸，别具一格。

战火中传播的造纸术

751年，唐玄宗在位时，唐军与中亚的阿拉伯军队爆发了怛（dá）罗斯之役。怛罗斯之役后，造纸术随着被俘的唐军到达了中亚地区。793年，巴格达开始造纸；900年左右，埃及人也开始造纸。

欧洲造纸中心——非斯

1100年,随着阿拉伯人征服摩洛哥,造纸术也被带入了摩洛哥。纸张作为最合适的书写材料很快广为人知，造纸术也迅速发展起来，摩洛哥首府非斯成为著名的造纸中心，也成了纸张进入欧洲的中转站。

1150年，造纸技术传入西班牙，西班牙萨蒂瓦建造了欧洲第一家造纸坊，以当地盛产的亚麻为造纸原料。

由于当时的造纸技术不是很成熟，所以纸的质量不是很好。到了公元13世纪末期，欧洲国家才制造出质量上乘的纸张。

造纸技术的传播
西域造纸

印刷术的前身

印刷术是随着造纸术的成熟和推广产生的，在造纸术还未成熟的时代，谈不上印刷技术。不过，与印刷相似的复制行为已经多种多样。目前已知的人类最古老的复制技术诞生于新石器时期，那时人们用一定的器具按压在陶器泥坯上，从而烧制出了最早的印纹陶器。

这些印纹在今天看来，只是简单的线条或几何纹理，但在新石器时代，印纹技术的使用令粗糙的陶器具有质朴原始的美。

抄书不是打小抄

在古代还没有印刷术时，想收藏一本书，就要想办法先借来别人的，再一点一点抄下。字数少的书还好办，字数多的就是个大麻烦。家里有点钱的会雇人抄书，例如鲁迅先生的小说《孔乙己》里，孔乙己的收入来源就是给人抄书。

抄得好的叫精抄本，字迹漂亮清晰，错误也很少。不过手抄总会有错，古人在夜晚的油灯下一点一点抄出来，偏旁错了，前后颠倒了是常有的事。例如，孙秀才的书我借来抄了，我抄好的书又被李夫子借走去抄，传来传去，出错的地方就少不了。所以我们读古籍时，经常会有注释，说这里哪个字可能是错讹（é），就跟抄书有关。

典籍越来越多，学子们需要读的书也越来越多，知识传播的技术和手段亟（jí）待改进。

畅销书多起来

你手里的这本书如果被更多小朋友购买和喜欢，它就会成为一本畅销书。

古时候的畅销书有什么呢？

诗、书、礼、易、春秋，这些是必考书目；有关佛像、宗教的经文，这些是传播量非常大的宣传品；有关农业、医药的典籍、占卜用书，这些是人们生活的刚需。受欢迎的作品，洛阳纸贵，千金难求。

这些畅销书如果都靠抄，那么根本满足不了人们的需求。书籍的缺乏，造成人们平均文化水平低下，虽然有才学的人很多，但不识字的人在我国古代却绝对是大多数。

用途广泛的印章

中国人用印章的历史始于商朝，最初的印章是印在陶器上的。在纸张被发明前，国家传递公文、民众书写信件都是在竹简或木牍（dú）上。许多保密的信件要想避免被人偷看，人们就要先把写好的竹简木牍用绳扎好，或者装进袋子里，把封泥糊在打结的地方，然后盖上印章，泥巴干了之后印记完整，如果被人打开看过，印记就毁坏了。

纸张出现后，人们把信纸装在信封里，在信封的接口处盖印，同样可以起到很好的保密效果。

捺印与刷印

印章可以反复使用，看似和雕版印刷非常接近，但实际上有本质不同。

印章是蘸上颜料后稳稳按在纸上的，叫“捺（nà）印”，“捺”就是按下去。而雕版印刷是刷上颜料，覆盖上纸张，再通过工具涂刷纸张背面的方法来印上字迹或图案，叫“刷印”。“印刷”二字也是从这里得来的。

印章出现得很早，人们发明雕版印刷，改捺印为刷印，很可能就是从印章这里得来的灵感，所以，印章是雕版印刷的前身。

碑石拓印

碑石拓（tà）印的产生对雕版印刷的发明有着重要的启示作用。

在很久以前，石刻就已经出现了。秦始皇嬴政统一六国后，建立了空前强大的秦王朝，当他出巡时，会在重要的地方刻石，这种传统在后来历代王朝中得到了推广。汉灵帝时，蔡邕（yōng）建议将《诗经》《尚书》《周易》《礼记》《春秋》等儒学经典雕刻在石碑上，然后竖立在太学门前。经历 8 年时间，石碑刻成，儒学经典也在当时广为流传，受到人们的抄写传诵。到了六朝时期，一些人用纸将碑文拓印下来，供自己欣赏或出售，让这种拓印的方法得到了推广，加快了文化的流传。

刻石拓印

雕版印刷术

印章和刻石拓印都有一个共同的特点，就是在一块质地坚硬的板上刻好文字或图案，同时复制下来，这为印刷术的出现提供了技术支持。而纸张的出现和升级则为印刷术提供了物质支持。

隋末唐初，我国出现了雕版印刷术。最初，这项技术仅用来印佛像、经咒，一直到唐代中后期，长篇的佛经和经典著作也开始用雕版印制。工匠们先选用质地细密紧实的木材，将它们做成木板，把要印制的书籍反刻在木板上，使字体突出；然后在字面上涂上墨，覆上纸，轻轻一刷，字迹就印在纸上了。

拓印的方法

拓印时，将湿润的纸张紧贴在碑石上，用软毛刷轻轻捶打。刻字部位的纸因为捶打而下陷，趁纸张未干时，均匀涂抹一层墨汁，未刻字部分的纸会沾上墨汁，而下陷的部分则不会，这样将纸张揭下来时，石碑上的文字图案就会完整无缺地呈现出来。因为是没有字的地方会沾上墨汁，有字的地方不会，所以我们看拓本都是黑底白字，跟书写正好相反。

印染技术

印染技术同雕版印刷有着非常相似的方法，只是印染采用的材料是布。在古代，布料制成后颜色较为单一，为了让布料带有花纹，就采用印花板将染料印染在布料上。这种印染技术可以追溯（sù）到战国时期。纸张发明出来以后，布换成纸张，染料换成墨汁，将墨汁印在纸张上，就成雕版印刷了。

活字印刷术

雕版印刷比手抄的效率要高，但缺点也很明显：首先，雕版印刷需要给书籍的每一页刻一块版，若刻错一个字，整版都会受影响，甚至会报废；其次，若印制的书籍文字量大，篇幅很长，光刻版就要刻好几年，耗费时间太久；最后，雕版很占空间，一面书页一块厚板，一百面书页就是一百块板，非常不易保存。雕版印刷技术亟待改进。

活字印刷术

宋朝庆历年间（1041—1048 年），民间的毕昇（shēng）发明了活字印刷术。

这种技术是先在胶泥上刻字，一字一印，然后用火烧硬。印书时，在装有铁框的铁板内撒上松脂、蜡和纸灰的混合物，将活字排版，再加热将填充的混合物熔化，用来固定活字。待活字压平整后，就可以用来印书了。

活字可反复使用，一套活字在印制不同的书籍时，只需重新排版就可以了，极大地提高了印刷的速度。

付梓

梓（zǐ）是梓木，雕版是雕在梓木上的，所以雕版印刷也叫“付梓”。直到现在，人们也会用付梓一词指代印刷。

彩印

人们对美感总有更高的追求，如果人们不想只看黑色墨迹的印刷品了呢？或者想用漂亮的色彩装饰佛像呢？

他们先用黑色印刷好线条部分，再一张一张地手绘上多种色彩。但这种方法比较费时，后来人们又想到了雕版的彩印法。比如，在一块板上，把黑色和红色颜料涂抹到不同的位置，就能印出两色的印刷品，这叫单版复色印刷。不过，单版复色印刷也存在问题：两种颜料的交接处会有墨色相互渗透的情况，容易模糊，也不美观。所以多版多色印刷很快被研发出来，时期不晚于元代。

人们将原本一块板上雕刻的内容分别刻在两块或者多块板上，要印红色的内容刻在一块板上，黑色的刻在另一块板上，绿色的再刻一块，分别分次印刷，每次注意对比好板框边缘，就能成功地印制出多色印刷品了。

活字印刷在清代

清代雍正六年，内府刊印了《古今图书集成》，这是我国最大的一部类书（资料性书籍），也是当时世界上规模最大的百科全书。全书共有 1.6 亿多字，分成 5020 册。这部书印制时使用了铜活字，每字宽约一厘米，字体端庄清秀，书中大量的插图都是由当时著名的画家和优秀的刻工合作完成的，是活字印刷的精品。

《钦定武英殿聚珍版程式·摆书图》

清乾隆三十八年，清廷使用省钱又省料的木活字排版印行了《武英殿聚珍版丛书》一百三十四种，乾隆皇帝赐名“聚珍”，还非常有“乾隆风格”地对其题诗称颂。主持这次雕版印行的大臣金简著有《钦定武英殿聚珍版程式》一书，总结了这次出版活动，成为后世出版行业的珍贵资料书。

清代铜活字印刷流程图：

印刷术对世界的影响

印刷术出现后，与纸张结合，使书籍数量大大增加，阴阳杂说、字典、韵书等社会需求量大的书籍，纷纷大量印制。翻看中国古代的诗歌典籍，唐诗和宋词是其中所占比重最大的两部分，远超其他朝代诗歌，这也有一部分原因归功于印刷术。唐朝的雕版印刷和宋朝的活字印刷，使唐朝的诗歌典籍、故事文献和宋朝的宋词等文学作品能更好地保留下来。

中国造纸术、印刷术的发明和传播具有深远的意义。不只是对一个国家、一个民族，也不只是对一段时间、一个地域，而是改变了世界历史的进程，促进了宗教改革和文化繁荣。

自隋末唐初出现雕版印刷技术后，这项技术就经勤劳的中国工匠之手，向东传入朝鲜、日本，向南传入东南亚，向西传入埃及和波斯。

在 13 世纪至 14 世纪时的元朝，活字印刷术从西域经由丝绸之路传到了西夏、中亚和欧洲等地区。1455 年，德国人古登堡从中国活字印刷中得到灵感，发明了最早的活字印刷机，并印出了欧洲第一本印刷书籍。这一发明让更多的人可以接触到图书，使知识得以更广泛地传播，大大推动了文化进步，也为欧洲文艺复兴创造了条件。

《大藏经》开启高丽印刷之门

高丽是古代朝鲜半岛的国家之一，也是接触印刷术最早的国家之一。早在10世纪后期，高丽就从中国得到了《大藏经》的三本印本。13世纪，高丽将《大藏经》雕刻在8万多块木板上，共有1496章，6568卷，5000多万字。《大藏经》不但成为高丽国宝，更是为高丽开启了印刷的大门。

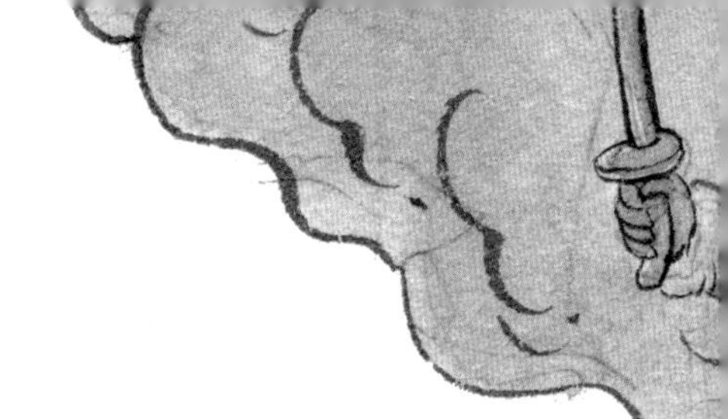

严律出精品的朝鲜印刷

朝鲜国王世宗十分重视印刷，专设铸字印刷的校字馆，组织严密、分工明确，更有严明的赏罚纪律，规定印一卷中出现错字，工匠、监印官都要鞭笞（chī）三十；若一卷中的墨迹不匀，或淡或重，也要鞭笞三十。在这种严苛的法制下，朝鲜印本十分精美，令人称奇。

日本印书始于《开宝藏》

公元983年，宋朝太宗皇帝赐给日本僧人奝（diāo）然一部《开宝藏》，这是日本第一部印刷书籍。日本印制了大量《开宝藏》副本，开启了日本印刷书籍的时代。到镰（lián）仓时代，随着中国禅宗和理学的传入，日本国民对印刷的需求量大大增加，日本印刷业蓬勃发展，京都和镰仓成为享誉一时的印刷中心。

战争带印刷术进入阿拉伯地区

印刷术的西进源于成吉思汗的征服世界之旅。13世纪前半叶，成吉思汗及其后代屡次西征，深入欧洲腹地，阿拉伯地区自然也不能幸免。印刷术正是在这种残酷的战争中被传到了阿拉伯地区。1294年，伊朗西北部城市大不里士按中国的方法印出了纸币，这说明当地的印刷技艺已经很先进了。

蒙古西征

火药的发源

火药是危险品，小朋友不能碰。它不仅易燃，而且能在没有充分的助燃物的帮助下，发生剧烈的化学反应，产生大量的气体，瞬间发生体积膨胀引起爆炸。

在火药诞生以前，人们用冷兵器打仗，杀伤力有限。威力大一些的武器，比如热油、沥青、炭粉等，能发生猛烈的燃烧，但这些只是燃烧剂，都不如火药威力巨大。

应用于战争中的火药改变了战斗模式，进而改变了历史进程，正由于此，火药作为我国古代四大发明之一，影响了世界。

炼丹术

《西游记》里，孙悟空离开花果山到处找人拜师，是想学长生不老之术。

在中国古代，许多道教人士以追求长生不老和得道升仙为目的，在追寻长生的道路上寻找各种方法，形成各种派别，丹鼎派是其中一种。丹鼎派道士们自己琢磨配方炼制丹药，期望服食后能长生不老。

古代有许多皇帝都怕死，所以遍寻不死之方。上有所好，道士们便积极地向他们献丹药。据传说，秦始皇、唐太宗、清世宗这些知名皇帝在晚年都热衷服食丹药。

道士炼丹

炼出来的火药

古代道士在炼制长生不老药时，将不同的药物和矿物进行多种比例搭配，其中常用到硝石和硫黄，而当硝石和硫黄搭配到一定的比例时，在炼丹过程中就非常容易发生爆炸。唐朝的名医孙思邈就是一个炼丹家，他在《丹经内伏硫黄法》中记下了将硫黄、硝石各取二两，研成粉末，放在砂罐中，在地上挖一个坑，将砂罐放于坑中，再用土将砂罐周围填实，将三个皂角点燃后放在罐中，硫黄和硝石就会剧烈燃烧。

火药就这样被道士们不明不白地跨界发明了出来。

火药之名的来历

我国是最早发明火药的国家，最早流传下来的火药方到现在也已经有一千多年的历史了。火药之所以被称为“药”，是因为火药的主要成分硝石和硫黄在古代都是重要的药材，二者在《神农本草经》中都可以找到。医书中记载硫黄可以治疗十几种病。道士们在钻研长生药方时，鄙视草木类药材，认为草木类药材容易被破坏，自身都保护不了，怎么可能长生不老呢！所以矿物类药材在长生药方中应用得比较多。

古人的火药理论

道家一直信奉阴阳学说，认为世间存在着阴阳两种力量，无论什么都可分为阴阳，如昼夜、天地、日月等。药物也可分为阴阳，可相互产生化学作用，在相互制衡、相互调和中产生新的物质。他们将硫黄等作为阳药，将硝石等作为阴药，二者一起炼制，在火的调和下会产生变化，进而发生爆炸。在道家的思想中，火药的形成是阴阳理论的实际应用，这让理论得到了实践的证明。

道士与化学

道士的炼丹行为促进了化学的发展。南北朝时的著名道士陶弘景曾发现，真硝石用火烧时会产生紫青色的烟，而朴硝燃烧时则产生黄色的火焰。这和我们现代化学中根据火焰颜色来鉴定金属元素有异曲同工之处。

发机飞火

火药的应用

炼丹家们虽然制出了火药，却并未加以应用。火药真正应用到现实生活中是用于节庆鞭炮、开山炸石和军事领域，其中节庆鞭炮在生活中很常见，而火药在军事领域的应用则改变了历史。真正制造出优良火药并扩大用途的是军事家，军事家们利用火药易燃易爆的特性，制成了具有杀伤作用的火器。

火药首战——豫章之战

火药初次在战场上发挥威力是在唐朝天祐元年（905 年）。唐昭宗天复三年（903 年）八月，宁国军节度使田頵（jūn）和润州团练使安仁义叛乱，几股军事力量打了起来。天祐元年，将领郑璠（fán）攻打豫章城（今江西南昌），用“发机飞火”烧了城门，发机飞火就是将火药用小包包好，点燃引信后通过机械投掷出去。宋代路振的《九国志》中有关于此次战役使用火药兵器攻城的记载：“以所部发机飞火，烧龙沙门，率壮士突火，先登入城，焦灼被体。”豫章之战成为人类历史上第一次应用火药的战役。

宋朝的火药

宋仁宗时代有一本书叫《武经总要》，里面记载了三种火药配方，是第一批正式应用于军事的火药配方：

毒药烟球——五斤重的球，成分有硫黄、焰硝、草乌头、狼毒、桐油、木炭末、沥青、砒霜等，不但能爆炸，还能产生有毒烟雾，是古时候的“毒气弹”。

蒺藜（jí li）火球——能将带有锋利尖刃的铁蒺藜散播到敌人前进的道路上，阻挡骑兵，给敌人进攻增加困难。成分里焰硝最多，以爆炸为主，可以叫它“路障炸弹”。

火炮火药——里面有大量的焰硝、硫黄、桐油、松脂，是较远距离进攻用的。

此外，古书中还记载了一种引火球，重约三五斤，用纸包着砖石屑，以沥青和黄蜡封好，放各种火炮之前先放这个，可以用来确定射程范围。

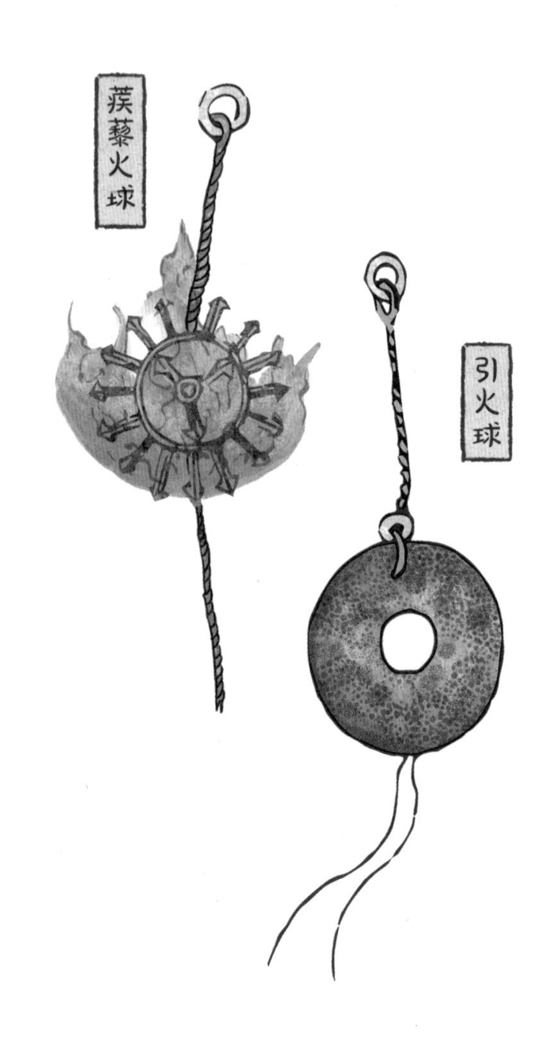

宋代的兵工厂

宋朝对火药制造十分重视，设置了专门机构——广备攻城作，宋朝皇帝更是亲自监督火药武器的生产情况，还对火药武器的研发者实行奖励政策。

宋金的火枪

宋代出现了一种新的火药武器，被称作“突火枪”。它是一种管形的火器，外面是用竹筒做的，火药就装在里面，但因其推力不大，所以射程很短。在《宋史》中有关于突火枪的记载：“以巨竹为筒，内安子窠，如烧放，焰绝，然后子窠发出，如炮声，远闻百五十余步。”

除此之外，金人还有一种火枪叫“飞火枪”。在枪矛的前半段装一个用铁做的火药筒，点燃即喷射火焰。

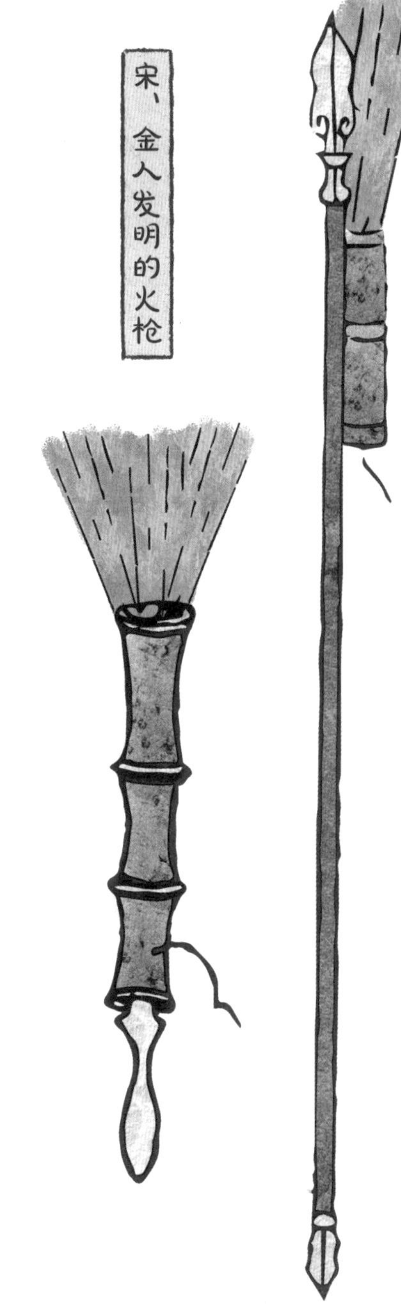

铁火炮

13 世纪时，我国北方的金人也掌握并改进了火药武器，制造出了“铁火炮”。铁火炮威力很大，俗称“震天雷”。1232 年，蒙古军攻打河南开封，金人守城时就用了震天雷，爆炸时声震如雷，攻击范围很大，“人与牛皮皆碎迸（bèng）无迹，甲铁皆透”，是杀伤力很强的武器。

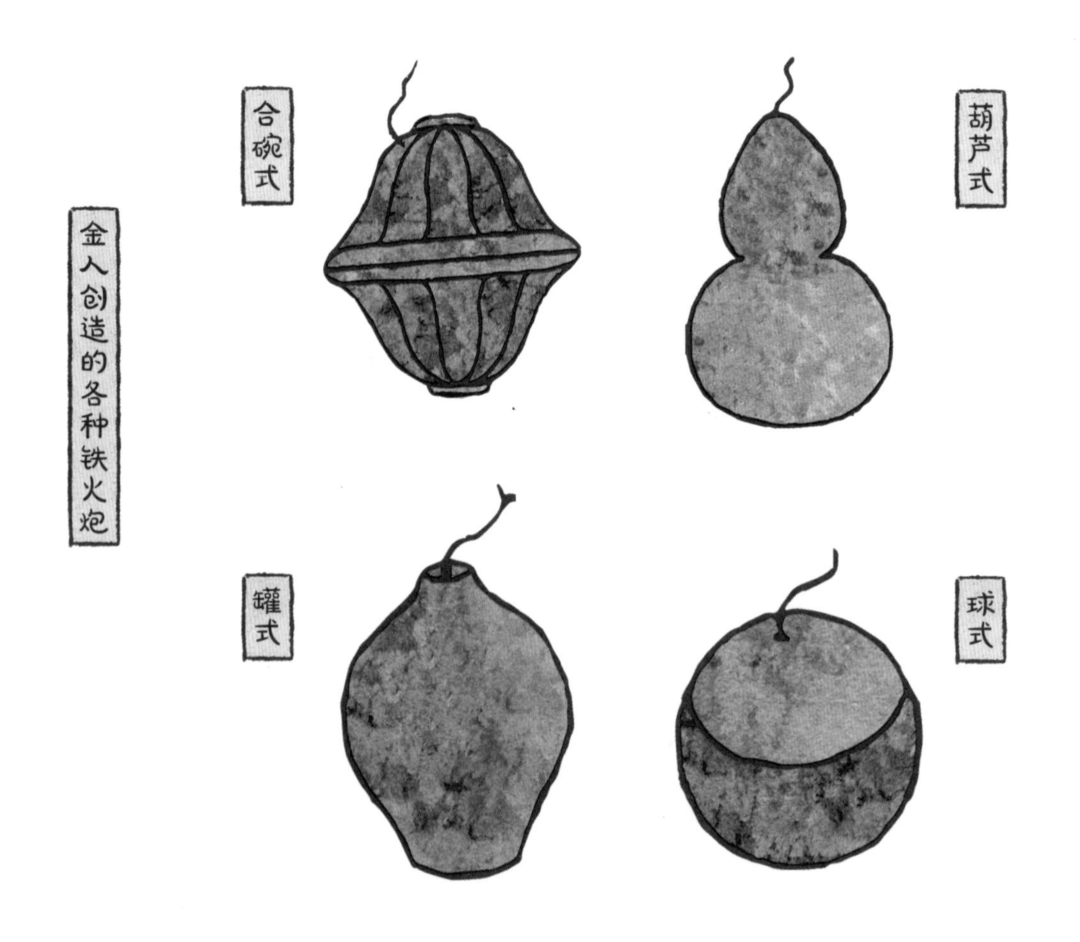

金人创造的各种铁火炮

“中国雪”

13 世纪时，火药传到阿拉伯国家，因为制作火药的硝石是白颜色的，因此阿拉伯人和波斯人称火药为“中国雪”。

火器时代

14 世纪之后，我国的火药武器经由阿拉伯地区传到欧洲。恩格斯说过，火药进入欧洲，使欧洲整个作战方法发生了变革。

到了 15 世纪，欧洲的火炮制造技术迅速发展，精致的火器传回了中国。明军从在澳门的葡萄牙人手中购买了红夷炮，伤了后金统帅努尔哈赤，导致他最后不治而亡。原来的故宫午门前，就摆放着两门红夷炮。

明朝火药的发展

到了明朝，原料的提纯工艺有了很大提高，火药的威力更强，类型品种也更加丰富。明代有本书叫《火龙经》，这不是神话故事，而是对火药的制作、火器的生产和应用做了全面论述，包括风向、地形、阵法等都有详解，是一本火药攻战大全。

明朝的《筹海图编》《神器谱》等军事著作里都对火药、火器有记录和分析。而这个时候，中国的黑火药已经传至西方各国，出现“出口转内销”的情况，大量的西式火器传回中国。明军在中国南部沿海与葡萄牙舰队作战时，缴获了不少舰船、舰炮，同时，政府也购买了不少西洋火器。

新式爆竹

爆竹也是宋朝人的一种娱乐方式。在火药出现之前，古人把竹子放在火里烧，发出爆响，以此驱邪、取乐；在火药发明之后，人们将火药卷在纸中，燃烧时会发出清脆的声音，这就是最早的鞭炮。

爆　竹

［宋］刘敞

节物随时俗，

端忧见旅情。

土风犹记楚，

辞赋谩（màn）讥（jī）伦。

烈火琅玕（lánggān）碎，

深堂霹雳（pīlì）鸣。

但令休鬼瞰（kàn），

非敢愿高明。

火药与焰火

宋朝时经济发达、社会安定，人们的娱乐生活很丰富。在马戏演出和木偶戏中常用火药做成焰火，用来烘托气氛；在“抱锣”“哑艺剧”等杂技节目演出时，也用爆竹来营造氛围。

“怪物”来了

火药对世界的影响

火药发明以前，人们主要用刀剑等冷兵器战斗，这一段漫长的历史时期被称为“冷兵器时代”。火器的出现结束了冷兵器时代，对世界军事史产生了深远影响。

杀伤力更大的火铳

13 世纪末 14 世纪初，蒙古人制造了杀伤力更大的火铳(chòng)。火铳有铜制的炮身，可以批量制作，使用寿命也很长。火药在炮身内能迅速燃烧，威力很强。近年在内蒙古发掘出了 1298 年制造的铜铳，是世界上最早的铜火炮。

口吐烟雾的怪物

1235 年，蒙古军队第二次西征，一直打到了莫斯科、基辅等地，在进攻波兰和日耳曼时，蒙古军队使用了火器，一举大败联军。欧洲人因为没见过火器，便用“口吐烟雾的怪物”来形容火器。

最早的指南针

传说4600年前，黄帝的军队同蚩（chī）尤大战时，蚩尤施法，制造出了大雾，让黄帝的军队迷失了方向。黄帝便造出了指南车，使

军队在大雾中依然能辨明方向，最终战胜了蚩尤。

存在于传说中的指南车，没有具体形制，也没有具体的制作方法，但它体现了古代人民的美好愿望。不过，能始终指示方向的工具不是没有可能制造出来的。先秦时期的人们已经积累了对磁现象的认知，还发现了很多磁铁矿。《管子》中记载："山上有磁石者，其下有金铜。"意思是山上若有磁石，它的下面就会有金铜。《吕氏春秋》里也有云："慈石召铁，或引之也。"这里的"慈石"就是磁石。这说明两千多年前，中国人已经意识到磁性材料的存在了。后来，人们又认识到磁石的指向性，在此基础上，古人开始研究制造能指示方向的工具。

磁石的发现

春秋时期，郑国以产玉闻名。一天，一位进入深山采玉的采玉工发现铁刀被吸在一块黑色的石头上不动了，需要用力才能拿下来，这块黑色的石头就是天然的磁石。因为它吸引铁的特性就像慈母吸引子女，所以人们称它为“慈石”。

磁石的炫酷用法

晋代有一些文献记载，秦始皇成为皇帝之后，大兴土木，给自己建造了又大又豪华的宫殿和陵墓。其中有一座宫殿叫阿房（ēpáng）宫，在今天的咸阳附近，被称为“天下第一宫”。阿房宫的入口是用两块巨大的天然磁石制造的大门，这不是为了炫富，而是有着特殊作用——如果进宫的人身上带了铁制武器，就会在通过大门时被吸起来，防止有刺客进入大门。这真是一种非常实用的安检措施。

我们都知道，两块磁铁放在一起会出现相吸、相斥的现象，但古代的人们并不知道出现这种现象的原因，因此他们觉得特别神奇。西汉时期曾有个叫栾大的人，就利用了磁石的这种特性制作了两枚棋子，让它们“互动”，引得汉武帝大悦，这也是“栾大斗棋”的由来。

磁石的指向性

人们在发现磁石后，在使用中又有了新的发现：这种物品不仅可以吸引铁制物品，还有一定的指向性。比如将一块磁石用线吊起后，无论怎样改变位置，其一端总会对准一个方向。这一发现为后来指南针的发明奠定了基础。

能指南的针

古人为了测试磁石的磁力，常常使用铁针，而这些铁针也因为与磁石的接触而被磁化。到了宋代，人们将被磁化的铁针悬浮于水上，或用丝缕吊起来，或轻轻摆在碗沿上，铁针便可以指示方向了。

宋代有一位叫寇宗奭（shì）的中医在《本草衍义》中就提到过磁石："色轻紫，石上皲（jūn）涩，可吸连针铁，俗谓之铁石。"可见此时的磁石在中医领域也有用处。书里还提到可以指示方向的针："磨针锋则能指南，然常偏东不全南也。""以针横贯灯心，浮水上，亦指南，然常偏丙位。"

由此可知，古时候的人们发现磁石的规律之后会将它运用在现实生活中，体现出我国古代先民的智慧。

指南针的发明与应用

传说中的司南

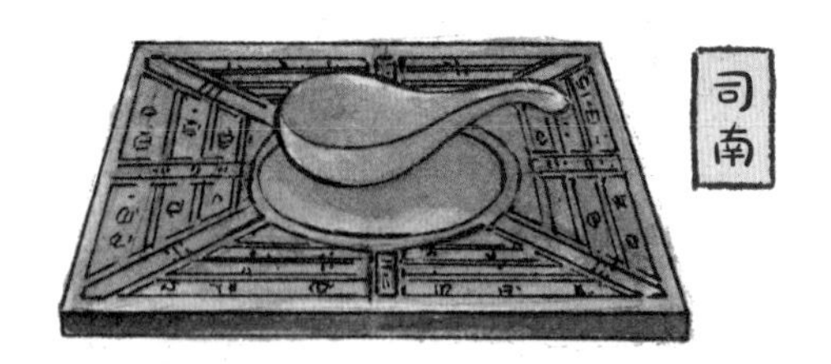

司南是我国古代劳动人民对磁石的具体应用。最早提及司南的古籍是东汉的《论衡》，其中记载：“司南之杓（sháo），投之于地，其柢（chí）指南。”是说用磁石制成勺形的司南，放在光滑的盘上后，勺柄一直指向南方。有史料显示，河北邯郸（Hándān）的磁山是最早产生司南的地方。不过，对于司南，也有学者认为司南的勺子磁力太弱，可能会在加工过程中失去磁性，不具备实用的可能。

堪舆罗盘

堪舆（yú）学在古代中国人的心中举足轻重，堪是天象，舆是地形，堪舆就是指风水。堪舆学在古代民间应用非常广泛，人们落户建房舍、修花园、选墓地，都要看风水。而堪舆学中很重要的一部分就是使用罗盘来分辨方位。

刻有八卦方位的指南针，应用于堪舆学中，便是堪舆罗盘。

罗盘人像

在江西临川的两座南宋墓中，分别出土了两尊陶制人像。人像底座上分别刻有“张仙人”“章坚固”字样，而且手中都拿着堪舆罗盘。由此可以证明，堪舆罗盘已经在宋朝的看风水的职业人士中得到了广泛应用。

罗盘人像

航海罗盘

11—12 世纪，宋朝已经出现了航海罗盘。宋朝人朱彧（yù）所作的《萍洲可谈》一书中，有“舟师识地理，夜则观星，昼则观日，阴晦（huì）则观指南针”的记载。意思是：有经验的水手能在海上辨识方向，晚上看星星的位置，白天看太阳的位置，阴天的时候则看指南针。中国的航海罗盘应用比西方国家早了近一个世纪。

罗盘在海上应用

最早的航海图——《郑和航海图》

指南针应用于航海后，人们用其绘制航线，制作航海图。我国现存最早的航海图，是明朝郑和下西洋后留下的《郑和航海图》，里面详细记载了我国到东南亚、印度洋沿岸及非洲沿岸的航路。

指南针对世界的影响

指南针在宋代出现后不久，就传到了阿拉伯地区，随后又传到了欧洲，实现了人类交通跨跃式发展，改变了文明传播的进程。

近代地图的起源

公元 14 世纪后，造纸术、指南针和印刷术等发明推动了东西方的地理研究，此时出现了具有代表性的地图学家——东方的罗洪先和西方的墨卡托。罗洪先编制的《广舆图》，将地图区域范围扩展到了朝鲜和西域，而墨卡托则根据新资料对已出版的地图进行修改补充，编著了欧洲代表性的地图集。

指南针助力地理大发现

指南针为航海指明了方向，哥伦布正是凭借一张根据“地圆说”绘制的地图，才开始了其环球航行的大探险。由此开始，欧洲人开辟了通往印度和美洲的航路，发现了更广阔的土地和更丰富的资源，打破了欧洲中世纪的闭塞状态，引导了世界地理大发现。

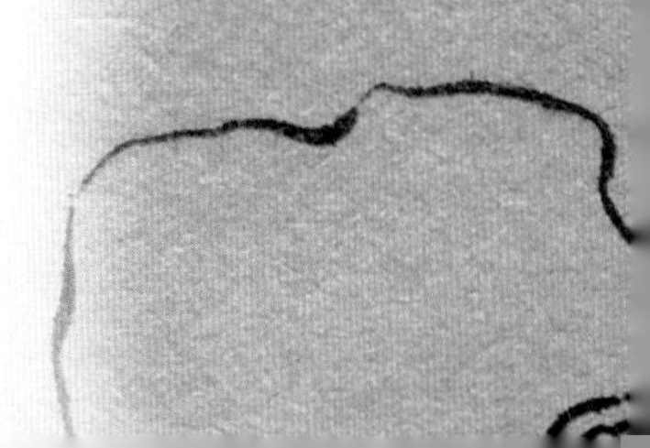

最大的磁体——地球

在指南针传入欧洲后，众多学者对其为何会指示南北这个问题表示很不解。

1600 年，英国科学家威廉·吉尔伯特通过对磁针和球状磁石的研究实验，最后得出结论：指南针之所以能指南，是因为地球本身就是一个巨大的磁体，它吸引着带有磁性的指南针指示南北方向。

大航海

英国海上霸主地位的形成

指南针传入西方后，很快被用于航海事业中。特别是西班牙、英国等国家在舰队上进行了大量投入，将指南针和火药应用于军事战争中。1588年，英国舰队在英吉利海峡打败了西班牙的“无敌舰队”，成为新的海上霸主，并开始了长期的殖民侵略活动。正是指南针的应用，带动了航海事业的发展，也让西方部分国家的海上军事力量越来越强大。

古代中国更多有意义的发明

除了造纸术、印刷术、火药、指南针这些为人所熟知的四大发明外，中国劳动人民凭借着勤劳的双手和智慧的头脑，在历史的长河中不断总结经验、发现新事物，实现了更多的发明创造。虽然这些发明创造可能没有多么宏大的体系，但却是改善生活、造福社会的重要发明，为人类的生存和发展作出了贡献。

养蚕技术

我国是世界上最早开始养蚕织丝的国家，丝织品也是我国古代独有的特产。相传养蚕技术是由黄帝的妻子嫘（léi）祖发明的。在黄帝与蚩尤大战胜利后，黄帝成为部落的首领，带领部落发展生产，驯养牲畜、主持农耕，嫘祖则被安排去制作衣冠。在制作过程中，嫘祖发现了蚕，并发明了养蚕抽丝的方法，用蚕丝织成丝绸制衣，取代了兽皮制衣，制出的衣物不仅轻便，也更加精美。根据考古资料显示，在新石器时代，我国古代的劳动人民就已经懂得养蚕采丝了。养蚕技术在我国逐渐发展起来。在一段历史时期里，我国是世界上唯一掌握此项技术的国家。

嫘祖养蚕

水稻种植

水稻种植

中国是粟和稻的故乡，一万多年以前，湖南道县一带就已经开始种植水稻了，原始农业就是在这个时候兴起的。到了汉代，中国已经开始广泛种植水稻。古人对水稻十分珍视，因为稻米热量高，是优质的主食，还能酿酒、制糖，茎秆还可以养活一些畜类，是非常有意义的经济作物。随后，中国的水稻种植向西传播到印度，又在中世纪时传入欧洲南部。

水车

最早的时候是没有水车的，人们在耕种中需要浇水的时候，就以人力提水的方式运水。这样的运水方式非常劳累，工作效率也不高。古代劳动人民发挥了伟大的智慧和创造力，终于研制出能够汲（jí）水、运水的工具，这就是水车。据记载，最早的水车是在东汉时由毕岚（lán）制造的，被命名为翻车，可以取河水浇灌田地，大大提高了耕种灌溉的效率，为人们广泛发展农业奠定了物质基础。

铁犁

古代先民生活中很重要的一件事就是饱腹，所以农业在中国一直很受重视。最早的耕种很简单，我国北方用耒（lěi）在地上戳出一个个小坑，点上种子就可以了；南方用的农具稍复杂些，是耜（sì），可以挖一个较大的坑。在《易经·系辞》中有“斫（zhuó）木为耜，揉木为耒”的记载。但这样的耕地用具太过粗糙，容易损坏，人们后来又发明了青铜犁铧（huá）。

随着耕种技术的不断进步，冶炼技术也在快速发展，铁制的犁铧被发明出来，让农田的耕种更加便捷。铁犁的出现标志着社会发展进入新的阶段，是人类科技的新成就。

铁犁早在春秋战国时期就被发明出来了，在河北易县、河南辉县等地出土的铁犁文物证实了这一观点。用铁犁破土开沟，实现了间行种植，大大提高了土地的利用率，也使农业生产更有效率，庄稼更易存活，生长得也更好，能养活更多的人。

瓷器

中国是瓷器的故乡，最早的瓷器可以追溯（sù）到商代中期。瓷器的发明是中国劳动人民为世界文明作出的巨大贡献。

瓷器是从陶器演变而来的，不仅种类多样，而且色泽鲜亮美丽，在日常生活中既可以作为用具，也可作为观赏品。

我国的瓷器在岁月长河中得到积淀，制造技术不断进步，其价值也越来越高，是人类历史上的宝贵财富。

最早的纸币

在纸币被发明出来之前，贝壳、金银、铜钱等都曾被制成货币使用。除了我国之外，其他国家在古时候往往也采用物品换物品，或者用贵金属制成货币的方式达成商品交易。公元前 600 年左右，位于今天土耳其一带的吕底亚王国已经开始使用金银合金制作的硬币了。

世界上最早的纸币是我国北宋时期的“交子”，我国也是世界上最早使用纸币的国家之一。北宋的“交子”最先在四川成都万佛寺内印制，上面有精细的图样可以防伪，而造纸术和印刷术的发明是纸币出现的大前提。

麻沸散

古代医学内科发达，人们大多选择服药治病，但有些病症需要外科开刀手术治疗，没有麻醉药的辅助，手术根本无法进行。

麻沸散是世界上最早的麻醉药物，相传由我国东汉末年的杰出医学家华佗研制。当病人喝了这种药后，身体会变得麻木，医者就可以对患者进行外科手术。在《三国演义》中有段传奇故事，关羽中毒箭受伤后，华佗在麻沸散的辅助下，为关羽刮骨疗毒，使关羽痊愈。

毛笔

毛笔出现的时间非常早，远远早于人们通常以为的秦代。大约在新石器时代，彩陶花纹中的线条就有毛笔描绘的痕迹，竹简上的字迹也是用毛笔书写的。

毛笔原料易得，并且可以随身携带，因此古时的一些书记官甚至直接将毛笔簪（zān）在发髻（jì）里，以便随时取用。毛笔的发明大大促进了政府法令的推行、文化的流通和繁荣，是我国成为文明古国的重要原因之一。